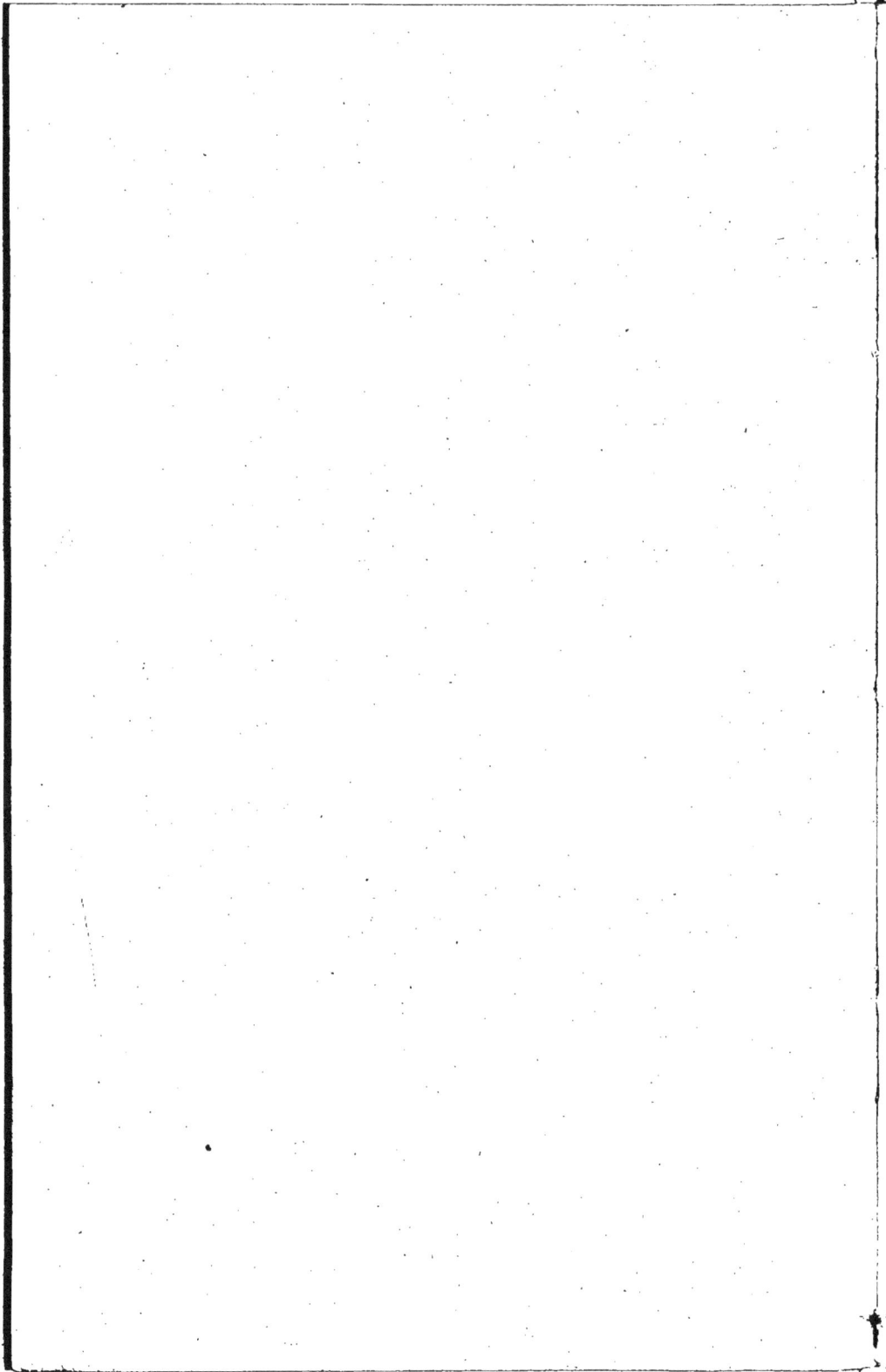

PIERRE BOUSQUET

CHIMISTE

Pharmacien de 1re Classe de l'Université de Paris

Membre de la Société Chimique de France

Notes d'Urologie Clinique

Interprétation d'une
ANALYSE d'URINE

Avec préface de M. le Docteur BALESTRE

Professeur agrégé à la Faculté de Médecine de Montpellier

Directeur du Bureau Municipal d'Hygiène de Nice

A. MALOINE

ÉDITEUR

25-27, RUE DE L'ÉCOLE-DE-MÉDECINE

PARIS

LÉO BARMA

LIBRAIRE - IMPRIMEUR

4, BOULEVARD MAC-MAHON

NICE

PRÉFACE

M. Pierre Bousquet veut me confier l'honneur de présenter au public médical le petit manuel d'urologie pratique qu'il vient de publier. Il aurait facilement trouvé parmi mes confrères un parrain plus autorisé si son travail en avait eu besoin et je ne me prête au désir trop flatteur de M. Bousquet que parce que son ouvrage se recommande de lui-même.

Bien que, dans son laboratoire, M. Bousquet aborde tous les jours les problèmes les plus délicats de la chimie biologique, il n'a pas voulu donner à un travail original le premier effort de sa plume ; je sais pourtant qu'il tient en réserve des œuvres qui mûrissent et qui ne doivent voir le jour que lorsqu'elles auront atteint leur plein développement. M. Bousquet a

préféré s'essayer à un ouvrage de vulga-
risation et faciliter aux médecins la
lecture et l'interprétation d'une analyse
chimique ; il n'a pas visé à la nouveauté
mais à la simplicité, à la clarté. Sans
doute, il n'a pas eu la prétention en ces
quelques pages de résumer en formules
absolues une science si compliquée et si
peu finie sur tant de points ; encore moins
a-t-il voulu éviter aux médecins l'étude
approfondie de la chimie urinaire. Il a
voulu simplement leur donner le rensei-
gnement immédiat nécessaire pour une
interprétation clinique, orienter le diagnostic, le pronostic et le traitement, indi-
quer les renseignements essentiels que, du
premier coup d'œil, on doit lire dans une
analyse. Il offre ainsi aux praticiens le
moyen de tirer le plus grand profit
possible de la collaboration des chimistes.

Je ne puis que souhaiter un vif succès
au livre de M. Bousquet et j'ai l'espoir
que mes confrères feront à l'auteur
l'accueil bienveillant que mérite un tra-
vailleur modeste et consciencieux.

Mars 1910.

Dr BALESTRE.

AVANT-PROPOS

Je n'apprendrai rien à personne en
affirmant, après tant d'autres, qu'une
analyse d'urine peut, dans le plus grand
nombre de cas, aider le médecin à formuler un diagnostic et à établir un traitement.
L'opinion est faite sur ce point et le corps
médical utilise journellement les services
du laboratoire. Comme l'ont dit, avec
juste raison, MM. les Professeurs Grimbert
et Guiart et, avant eux, l'illustre chimiste
que fut Pasteur, la médecine évolue de
plus en plus, vers la méthode expérimen-
tale et tend à abandonner les voies de
l'empirisme. « Elle a jusqu'ici traité les
symptômes, elle veut maintenant, pour
mieux les vaincre, remonter aux causes

des maladies ». (Grimbert et Guiart). Et c'est évidemment le laboratoire qui lui fournira les éléments essentiels du problème qu'elle se propose de résoudre. C'est, et je crois pouvoir l'affirmer sans témérité, l'opinion générale du corps médical. Mais il doit rester bien entendu que le laboratoire ne doit pas sortir de son rôle précis. En aucun cas, il ne doit prétendre à se substituer à la clinique. Le chimiste ne peut et ne doit être que le collaborateur direct du médecin. Il doit formuler des conclusions ; au clinicien seul appartient le soin de les interpréter et d'en tirer les conséquences qu'elles comportent.

Mais alors, pourquoi ce travail? Je vais essayer de répondre à cette question.

Tout a été dit, ou à peu près, sur l'interprétation clinique qu'on peut tirer d'une analyse d'urine. Mais, tout ce qui a été dit se trouve épars dans des livres nombreux et un médecin un peu occupé n'a guère le temps de se livrer à ces recherches nécessaires. Eh bien! je me suis proposé précisément pour but d'éviter au médecin des recherches toujours longues et fastidieuses. Je n'ai ni la compétence, ni la prétention de vouloir faire ici œuvre médicale. J'ai simplement essayé de présenter sous une forme très concise tout ce que, dans ma pratique professionnelle, j'ai eu l'occasion d'observer ; tout ce que j'ai entendu dire dans les fréquents entretiens que j'ai eus avec les médecins qui m'ont confié les analÿses de leurs malades ; tout ce que j'ai pu recueillir dans ce que qu'ont écrit sur la matière MM. les Professeurs Bouchard, Albert Robin, Huguet, Blarez, Grimbert et Guiart et mes très distingués confrères Gautrelet et Vieillard. Il est probable que j'oublie de citer beaucoup de *travaux*, disséminés dans des revues, *travaux* dont j'ai pris note au jour le jour. Je ne pensais pas, à ce moment, que j'aurais à me servir de ces *travaux*. Je m'excuse de ne pas citer les noms de leurs auteurs.

Je n'ai pas l'outrecuidante prétention d'épuiser, dans ces quelques pages, la question de l'interprétation clinique d'une analyse d'urine : il reste et il restera encore beaucoup à faire. Ce que j'ai voulu est infiniment plus simple et plus pratique.

J'ai voulu signaler tout de suite au médecin la signification que peut avoir au point de vue clinique, et d'après l'expérience des maîtres de la science médicale, la présence dans l'urine de tel élément, l'absence, la diminution ou l'exagération de tel autre ; j'ai voulu appeler son attention, et sans recherches supplémentaires, sur les diverses hypothèses qui peuvent se présenter ; j'ai voulu lui permettre d'apprécier et d'interpréter sur l'heure ce que son examen clinique lui aura fait découvrir. Bref, j'ai voulu lui fournir des renseignements immédiats en attendant qu'il puisse en trouver d'autres dans sa bibliothèque. En fait, le modeste travail que je présente à la bienveillante appréciation du corps médical ne vise pas à l'originalité.

C'est un travail de patientes recherches beaucoup plus qu'un travail personnel. Tel quel, j'ai pensé qu'il pouvait rendre quelques services. Quelques médecins de mes amis ayant bien voulu me le dire, après l'avoir examiné, je me suis décidé à le publier. Je me déclarerai amplement récompensé s'il atteint le but que je me suis proposé.

En acceptant de le présenter au corps médical, M. le Professeur Balestre me fait un bonneur dont je ne saurais trop le remercier. Qu'il me permette de lui en témoigner ici ma profonde gratitude.

Pierre BOUSQUET.

CHAPITRE I

L'urine normale.

Qu'est-ce qu'une urine normale ? Si, à cette question, on se contentait de répondre qu'une urine normale est une urine ne contenant pas d'éléments anormaux, c'est-à-dire d'éléments pathologiques, le problème serait vite résolu. Il n'en est malheureusement pas ainsi et une urine peut être absolument anormale et ne pas contenir la moindre trace d'éléments pathologiques. Que faut-il donc appeler urine normale ? Si nous étions sur le terrain mathématique au lieu d'être dans le domaine de la physiologie, la réponse devrait être catégorique : il n'y a pas, il ne saurait y avoir d'urine normale. Chez un sujet parfaitement sain, en effet, toutes espèces de causes peuvent faire varier dans des proportions considérables les divers éléments qui composent l'urine. Pour ne parler que de quelques unes, citons le poids du corps, la taille, l'âge, le sexe, le moment de la journée, les boissons, l'alimentation, le climat, le travail musculaire, etc. Faut-il donc renoncer à définir l'urine normale ? Nous ne le croyons pas ; et, s'il n'est pas possible, comme nous le disions plus haut, d'arriver à une définition rigoureusement, mathématiquement exacte, il est possible, toutefois, d'établir les caractères de cette urine normale de façon suffisamment précise pour qu'ils puissent servir de base à l'interprétation d'une analyse d'urine.

Chacun sait que de nombreux travaux ont paru sur le taux des éliminations urinaires en 24 heures ; tous ces travaux aboutissent à établir le taux des excreta par 24 heures et par kilogramme de poids corporel actif, nous voulons dire de tissu vraiment vivant. Dans ces conditions, il serait facile de savoir le taux exact des éliminations normales d'un sujet donné si l'on connaissait son poids corporel actif. Peut-on le connaître ? D'une façon rigoureuse ? Non. Mais le peut-on d'une façon relative, et cependant suffisamment exacte ? Oui. Comment ? Par le coefficient biologique. Oh ! certes, je n'ignore pas que j'aborde un terrain particulièrement brûlant. Ce pauvre coefficient biologique, s'il a eu des partisans enthousiastes, a eu des adversaires implacables ; et, autant les premiers lui ont donné toutes les vertus, autant les seconds lui ont dénié la moindre valeur scientifique en le traitant d'utopie. Je crois sincèrement que les uns et autres ont tort et, avec M. le Professeur Blarez, je suis convaincu que si le coefficient biologique n'a pas toutes les qualités que lui attribuent ses ardents amis, il n'est pas dépourvu de toute valeur ainsi que le prétendent ses adversaires et qu'il a un rôle à jouer dans une analyse d'urine.

Qu'est-ce donc, au juste, que le coefficient biologique, autrement appelé poids actif ? C'est la moyenne entre le poids réel donné par le malade et le poids théorique calculé en fonction de l'âge et de la taille. Comme son nom l'indique, d'ailleurs, il donne donc le poids de tissus actifs faisant œuvre d'assimilation et de désassi-

milation dans l'organisme. Comme nous
connaissons par les travaux dont j'ai déjà
parlé le taux des excreta par kilog de poids
corporel actif, il nous sera facile pour un
sujet donné dont nous aurons calculé le
coefficient biologique, de connaître le taux
de ses éliminatians normales en 24 heures
et, par conséquent, de les comparer au
taux des éliminations que nous donnera
l'analyse de ses urines. Voici déjà un premier point. Pour arriver à la définition de
l'urine normale, il en existe un second. Ce
que nous venons de dire ne permet pas,
en effet, au médecin, d'établir une règle
pour diagnostiquer l'existence ou l'absence
d'un trouble nutritif.

Comme le dit M. le Professeur Huguet,
d'accord avec M. le Professeur A. Robin,
« la véritable fixité des urines réside dans
la proportion des éléments constituants :
c'est dans ces rapports qu'on doit chercher
les anomalies. La quantité des excreta
urinaires représente la *quantité* de travail
produit : les rapports des éléments repré-
sentent la *qualité* de ce travail : dans la
machine humaine, la qualité prime de
beaucoup la quantité ».

Il est établi que, quelle que soit la proportion d'aliments ingérés, les *rapports des éléments excrémentiels* chez un homme sain doivent rester à peu près identiques. On sait, d'autre part, qu'il faut à l'homme, pour réparer ses pertes quotidiennes, une quantité *déterminée* d'azote, de carbone, d'oxygène, d'hydrogène, et de sels minéraux. La ration d'entretien doit contenir, dans la proportion voulue, ces divers éléments. Et lorsque la proportionnalité est détruite par une trop grande quantité ou, par l'absence de l'un de ces éléments, la ration est nuisible à l'organisme. La pondération des matières alimentaires suivant la richesse particulière en principes albuminoïdes, hydrates de carbone et sels minéraux est la base de *l'alimentation rationnelle*.

Il résulte de tout cela que nous avons une ration alimentaire, *variable dans sa quantité*, suivant le poids corporel du sujet, son âge, le climat qu'il habite, le travail qu'il fait ; *mais invariable dans la proportionnalité relative de ses éléments* (azote, carbone, etc.) Nous devons donc avoir dans l'excrétion urinaire des quan-

tités élémentaires variables et proportion-
nelles aux quantités de matières ingérées,
mais *invariables quant à leurs rapports
respectifs*. En résumé, on peut considérer
comme établi que : *à une alimentation
comprenant entre les principes des aliments une proportionnalité déterminée
correspond une excrétion comprenant
également entre ces éléments primordiaux
une* **proportionnalité** *de même ordre*.
Cela est vrai spécialement pour l'excrétion
urinaire. Ce sont les termes de cette proportionnalité qu'on appelle rapports urologiques. De nombreuses analyses, portant
sur des sujets sains, en parfait état *d'équi-
libre physiologique*, ont permis d'établir
les taux de cette proportionnalité, *véritables
constantes* de l'urine normale.

Il nous est facile maintenant de définir
une urine normale. *Une urine peut être
appelée normale*, lorsque le taux d'élimination par 24 heures, est égal ou très
sensiblement voisin du taux donné par
le coefficient biologique du sujet examiné
et *que les rapports existant entre ses
divers éléments sont égaux* ou *très sensiblement voisins* des rapports normaux,

c'est-à-dire des constantes dont nous venons de parler.

Il ne sera pas possible d'appeler urine anormale une urine dans laquelle, les rapports étant normaux, le taux des éliminations par 24 heures sera ou très supérieur ou très inférieur au taux obtenu en fonction du coefficient biologique. Dans ce cas, il faudra surtout songer à étudier le genre de vie et le régime du sujet.

Maintenant que nous savons ce qu'est une urine normale, nous allons successivement étudier les divers éléments constitutifs de l'urine, les rapports existant entre eux, et les variations observées dans les divers états pathologiques.

CHAPITRE II

Caractères Généraux

Coefficient biologique.

1° Poids réel inférieur au coefficient biologique. Etat d'amaigrissement ou d'émaciation *devant attirer l'attention.*

2° Poids réel supérieur au coefficient biologique. Surcharge graisseuse (obèses) ou surcharge d'une autre nature dont il faut étudier les causes.

Volume en 24 heures.

1° Polyurie. Affections du rein telles que néphrites interstitielles ou scléreuses (dans ce cas, la polyurie peut arriver à 7 et 8 litres et s'accompagne d'albumine et de cylindres).

Polyurie nerveuse (hystérie, épilepsie, neurasthénie). En pareil cas, l'urine est de faible densité.

Polyurie dans les diabètes glucosurique, azoturique, phosphaturique. L'urine a toujours alors une densité élevée.

Polyurie au début de la convalescence de la fièvre typhoïde, de la pneumonie et de l'ictère catarrhal.

2º *Oligurie* : N'est importante que lorsqu'elle est persistante. Elle s'observe au cours des maladies fébriles ou de celles qui s'accompagnent de diarrhées profuses.

L'oligurie est d'un pronostic fâcheux dans les maladies des reins (néphrites aiguës, congestions rénales et à certaines périodes des néphrites chroniques). L'oligurie doit faire redouter l'apparition des accidents urémiques. Elle est de règle après l'éclampsie, mais cesse après les accès. Elle accompagne généralement les affections du foie (ictère catarrhal).

3º *Anurie* : Il ne faut pas confondre l'anurie *vraie* avec une rétention temporaire due à une obstruction des canaux excréteurs (calculs, spasmes ou rétrécissements de l'urèthre).

L'anurie a été signalée dans les néphrites parenchymateuses ou épithéliales aiguës, dans l'empoisonnement par le sublimé, dans la goutte, le choléra, la péritonite aiguë.

Densité.

En dépit de l'opinion de certains uro-
logistes, nous ne dirons rien de la densité.
Elle est, selon nous, absolument inutile au
médecin. Elle n'a d'importance que pour
le chimiste et ne peut rendre aucun service
à la clinique.

Acidité.

Il faut n'en parler qu'avec une extrême
réserve. On sait, en effet, avec quelle
facilité l'urine change de réaction. Il faut
se souvenir aussi que l'acidité, telle qu'elle
est obtenue dans les laboratoires, n'est
jamais qu'une acidité approchée. Pour
qu'elle fût, en effet, rigoureusement exacte,
il faudrait en effectuer le dosage à chaque
miction, et immédiatement après la miction,
puis prendre la moyenne de tous ces
dosages effectués dans une période de
24 heures. Nous n'avons pas besoin de
dire ici que cette méthode est inapplicable
dans la pratique journalière. Le chimiste
dose l'acidité sur l'urine totale des 24

heures qui lui est apportée à son laboratoire. Ce dosage n'a donc pas une valeur absolue, mais une valeur relative, qui peut, d'ailleurs, se rapprocher de très près de la valeur absolue s'il fait prendre à ses clients les précautions nécessaires pour éviter la fermentation ammoniacale de l'urine. Tels qu'ils sont, néanmoins, les résultats fournis par le laboratoire sur l'acidité urinaire sont précieux et méritent de fixer l'attention du médecin.

1° *Hyperacidité*. Arthritisme, dyscrasies acides, exercice musculaire, marche, fatigue.

2° *Hypoacidité*. Misère physiologique, affections mentales, débuts de la tuberculose. Quand elle n'est pas expliquée par le régime ou l'alimentation, elle indique souvent un terrain préparé pour l'évolution de maladies contagieuses et infectieuses. Le régime végétarien diminue l'acidité. Cette indication est précieuse pour l'établissement d'un régime alimentaire.

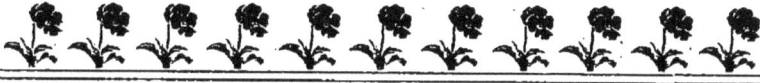

CHAPITRE III

Eléments normaux et leurs rapports

Urée.

Le dosage de l'urée est particulièrement important. L'urée est le produit de désassimilation des matières albuminoides, elle en est même le terme ultime. Son dosage indique donc la façon dont se fait cette désassimilation. Il paraît démontré actuellement que le foyer le plus actif de la production de l'urée est le foie.

1° Augmentation. Régime chloruré et ferrugineux, maladies fébriles avec élévation de température, péritonite, périty-phlite, diabète sucré, états congestifs aiguës du foie, cirrhose hypertrophique alcoolique, ictère catarrhal, etc.

2° Diminution. Vie sédentaire, antidéperditeurs, spiritueux, café, thé, sédatifs bromurés et autres, mercuriaux et beaucoup d'autres principes médicamenteux d'origine végétale (digitale, valériane), anémie sous ses différentes manifestations, hydropisie, affections cardiaques, affections chroniques et consomptives en général, maladies ovariennes, affections cancéreuses, déchéance de la cellule hépatique (cirrhose atrophique, ictère grave).

L'urée est très fortement diminuée, *quelquefois de plus de moitié*, dans le régime végétarien.

Azote total.

Ce dosage, qu'on ne fait pas assez souvent, est cependant très important : par lui-même d'abord, et ensuite parce qu'il permet d'établir le rapport azoturique.

Il est important par lui-même en ce qu'il donne le taux des éliminations des substances albuminoïdes, que ces substances soient d'origine exogène ou d'origine endogène et qu'il est intéressant de connaître ce que sont ces éliminations. Les variations de l'azote total donnent très sensiblement les mêmes indications que les variation de l'urée.

Rapport azoturique.

Autrement appelé *coefficient azoturique* ou *coefficient d'oxydation azotée*.

C'est le rapport existant entre les quantités d'urée et d'azote total éliminées en 24 heures.

Le rapport azoturique est la mesure de l'activité et du fonctionnement de la cellule hépatique. On sait, en effet, que les substances albuminoïdes subissent, dans l'organisme, une série de transformations qui aboutissent à l'urée comme terme ultime ; plus, par conséquent, le travail de la nutrition sera parfait, moins il y aura de termes intermédiaires et plus le rapport se rapprochera de l'unité ; plus, au contraire, ce travail de la nutrition sera imparfait, plus il restera de substances albuminoïdes non utilisées et plus le rapport s'éloignera de l'unité.

Le rapport azoturique s'abaisse dans toutes les maladies s'accompagnant d'un ralentissement de la nutrition.

D'après A. Robin, il augmente notablement dans le diabète sucré.

Acide urique.

L'acide urique a deux origines : une origine exogène et une origine endogène. Il provient : 1° de la destruction des nucléoprotéïdes des aliments ; 2° de la destruction des nucléoprotéïdes des tissus. Il peut encore avoir une troisième origine : l'introduction dans l'alimentation de dérivés puriques tels que la caféine, la théobromine. Une alimentation carnée en produit davantage qu'une alimentation végétale. Enfin, le foie peut transformer en urée une partie de l'acide urique formé dans l'économie.

L'acide urique est en excès dans les maladies s'accompagnant d'une grande destruction de leucocytes, la leucocythémie, par exemple. Il est également en excès dans les affections hépatiques, particulièrement la cirrhose atrophique, parce que, dans ce cas, le foie cesse de transformer en urée l'acide urique du sang et celui-ci s'accumule alors dans l'urine. Il est aussi en excès dans l'arthritisme.

Rapport de l'acide urique à l'urée.

Sous réserve du régime alimentaire, qui arrive à augmenter l'élimination de l'acide urique dans des proportions considérables si les aliments ingérés sont riches en purines, l'augmentation indique une destruction plus grande des nucléoalbumines ou bien un mauvais fonctionnement de la cellule hépatique.

L'abaissement fera songer à une rétention possible d'acide urique par suite d'un obstacle à son élimination.

Chlorures.

La connaissance du taux des chlorures éliminés en 24 heures est fort importante en ce qu'elle donne la mesure de la perméabilité rénale.

1° Augmentation : L'augmentation, surtout lorsqu'il y a en même temps hyperphosphaturie, dénote toujours une déminéralisation manifeste précédant souvent le début d'une tuberculose. Les chlo-

rures augmentent aussi par suite d'une
alimentation très salée, par l'absorption
d'eaux minérales chlorurées sodiques, telles
que les eaux de Balaruc, la Bourboule,
Châtelguyon, Kissingen, Kreuznach, Saint-
Gervais, Saint-Nectaire, Salins, Uriage,
sans oublier l'eau d'Appolinaris, dont la
richesse en chlorures est considérable.
L'exercice musculaire, l'inhalation de va-
peurs chloroformiques élevent également
le taux des chlorures.

2° *Diminution* : Considérable dans le
début et à la période d'état d'un grand
nombre de maladies aigües (pneumonie,
pleurésie, congestion pulmonaire, érysi-
pèle, fièvre typhoïde, etc.) par suite de
rétention. Quand, au moment de la convalescence, cette rétention cesse, il y a une
sorte de décharge chlorurique d'un pronostic très favorable.

Diminution des chlorures dans la maladie de Bright, la formation d'œdèmes.

L'achlorurie est toujours très grave.
Une diminution exagérée, ou de l'achlorurie, après une intervention chirurgicale,
est également d'un pronostic grave.

Rapports des chlorures à l'urée et à l'azote total.

Ces rapports sont importants à connaître ; ce sont eux, en effet, qui indiquent si l'hyperchlorurie ou l'hypochlorurie sont *essentielles*, c'est-à-dire *réelles* ou si elles ne sont que *relatives*.

A. Pour qu'il y ait *hyperchlorurie réelle*, il faut : 1° que les rapports des chlorures à l'urée et à l'azote total soient franchement *supérieurs* aux normales et ensuite que le chiffre des chlorures trouvé en 24 heures soit, lui aussi, franchement supérieur à *la normale* pour le *coefficient bilologique*. Si ce chiffre est égal ou inférieur à la normale, il n'y a qu'*hyperchlorurie relative* qui est due, dans ce cas, à une insuffisance d'élimination des éléments azotés et c'est de leur côté alors que doit se porter l'attention.

B. Le même raisonnement s'applique pour l'hypochlorurie. Elle n'est *réelle* que tout autant que le taux des chlorures en 24 heures est inférieur à la *normale* pour le *coefficient biologique*. Dans le cas contraire, il n'y a qu'*hypochlorurie relative* et il n'y a alors que l'indication de la disproportion entre l'élimination chlorurée et l'élimination azotée.

Phosphates.

1° Augmentation : Dégénérescence de l'organisme (diabète phosphaturique), tuberculose (avec hyperchlorurie), ostéomalacie, méningite, souvent rhumatisme chronique et, en général, dans les états fébriles.

2° Diminution : Régime alcalin, abus des eaux minérales alcalines, certaines atrophies du foie (cela n'est pas absolument démontré), néphrites, accès de goutte. Chez les vieillards l'alcalinité plus prononcée des milieux organiques arrive également à provoquer la diminution du taux des phosphates.

3° Séparation des phosphates alcalins et des phosphates alcalino-terreux.

On a parfois essayé de doser séparément les phosphates alcalins et les phosphates alcalino-terreux et, partant de cette séparation, d'étayer dessus un certain nombre de théories ou de pronostics cliniques, par exemple l'interversion des phosphates dans les crises d'hystérie. On aurait tort d'accorder un crédit quelconque à ces théories ; il est, *chimiquement impossible*, en effet, de déterminer dans quel rapport se trouvent dans une urine les phosphates alcalins et les phosphates alcalino-terreux. Nous nous expliquons : Dans un liquide renfermant en solution un phosphate alcalin, si l'on ajoute un sel soluble de chaux ou de magnésie, puis de l'ammoniaque, on provoque un précipité de phosphate de chaux ou de magnésie d'autant plus abondant que le sel terreux sera en plus grande quantité. De même dans l'urine. De sorte que la proportion de phosphate terreux qu'on obtient au moyen de l'ammoniaqne dépend uniquement du poids de sels solubles de chaux ou de magnésie qui s'y trouvent à un tout autre état que celui de phosphate et ne saurait par conséquent renseigner sur le taux de phosphate de chaux ou de magnésie préexistant. (Grimbert et Guiart).

Il en est de même du phosphore incomplètement oxydé de certains auteurs qui n'est autre chose que de l'acide phosphorique uni à des bases métalliques et intimement associé à des matières azotées (L. Jolly).

Rapport de l'acide phosphorique à l'urée et à l'azote total.

Il y a lieu de faire pour ces rapports les mêmes observations que pour les rapports intéressant les chlorures. Il n'y a *hyperphosphaturie essentielle*, c'est-à-dire *réelle* que tout autant que, les rapports étant franchement supérieurs aux normales, le taux de l'élimination phosphatée en 24 heures est, elle-même, supérieure à la normale pour le coefficient biologique. Dans le cas contraire (taux de l'élimination inférieur à la normale), on n'est en présence que d'une *hyperphosphaturie relative* et, toujours, comme dans le cas des chlorures, c'est vers les éléments azotés que doit se porter l'attention.

De même, et toujours pour les mêmes raisons, il y a lieu de distinguer soigneusement entre *l'hypophosphaturie essentielle* ou *réelle* et *l'hypophosphaturie* relative.

Soufres.

Leur dosage n'est pas d'une importance capitale, surtout si l'on se borne à doser le soufre des sulfates ou, pour être plus exact, le soufre acide. L'acide sulfurique, en effet, est toujours en rapport direct avec l'urée et il provient, comme cette dernière, de la destruction des principes albuminoïdes.

Nous ne saurions trop insister cependant pour que l'usage s'établisse de doser dans une urine, non seulement le soufre acide, mais encore le soufre total et le soufre des sulfoconjugués, ce qui donne, par surcroît, et par simple calcul, le soufre neutre.

Ces dosages ne donneront pas, à eux seuls, de renseignements précieux à la clinique ; mais ils permettront d'établir deux rapports urologiques dont l'importance est démontrée par de nombreux et récents travaux, rapports dont nous allons parler. Au surplus, ces divers dosages des soufres, s'ils compliquent un peu le travail du chimiste, ne sont pas tels cependant pour que le médecin s'abstienne de les demander.

Rapports du soufre acide au soufre total et du soufre des sulfoconjugués au soufre total.

Ce sont les deux rapports dont nous venons de parler. Ils permettent, en effet, de mesurer l'état du tube intestinal et l'activité des fermentations dont il est le siège. Ces deux rapports *trop élevés, supérieurs aux normales,* montrent un intestin dont la flore microbienne est trop active et, par cela même, le siège de fermentations putrides devant appeler l'attention.

Extrait total. Eléments organiques. Eléments minéraux.

On s'étonnera peut-être que je n'ai pas parlé de ces trois dosages au début de ce travail. C'est, de ma part, un oubli très volontaire. J'ai voulu, en effet, faire, non un ouvrage complet d'urologie, mais un petit vade-mecum, facile à consulter par le médecin, et ne contenant que les choses indispensables. Or, si la connaissance des extraits total, minéral et organique a de l'importance pour le Chimiste, à qui il peut servir de contrôle pour ses dosages partiels, il n'a qu'une importance très relative pour le médecin et c'est pourquoi je n'en parle pas. Je sais bien que la connaissance de l'extrait total et des éléments minéraux permettrait d'établir le coefficient de déminéralisation. Mais le coefficient de déminéralisation, lui-même, est par trop sous la dépendance des rapports intéressant les chlorures et les phosphates, pour qu'il soit nécessaire d'y attacher une grande importance.

CHAPITRE IV

Éléments anormaux

L'usage a prévalu de ranger parmi les
éléments anormaux de l'urine un certain
nombre d'éléments qui, à mon avis,
seraient infiniment mieux à leur place
parmi les éléments normaux, non pas
parce qu'ils entrent dans la constitution
de l'urine normale, mais parce qu'il n'y a
pas d'organisme humain qui n'en élimine ;
de ce nombre, citons l'urobiline, les pigments biliaires, l'uroérythrine, l'indoxyle,
le scatol. Pour ne parler que de ces deux
derniers, quel est l'homme dont l'intestin
est à ce point parfait pour ne pas être le
siège de fermentations putrides ? Quelques
heures après sa naissance, l'intestin du
nouveau-né n'en est déjà plus indemne. Il
serait donc plus rationnel, il me semble,
de *ne conclure à l'anormalité* de ces élé-

ments que lorsque leur élimination est *exagérée*. Ceci dit, et pour ne pas toucher à une habitude, même mauvaise, nous allons faire pour les éléments anormaux ce que nous venons de faire pour les éléments constitutifs de l'urine.

Urobiline.

Ses indications pathologiques ne sont pas encore bien fixées et restent très discutées. Il est, cependant, à peu près admis que des traces d'urobiline n'ont pas de signification ; mais que de très notables quantités, *de façon constante*, sont d'un pronostic fâcheux. On s'accorde à dire que l'urobiline indique une insuffisance hépatique, le foie n'étant plus capable de transformer en pigments biliaires ordinaires les dérivés de l'hémoglobine qui le traversent.

L'urobilinurie est permanente dans le cas de lésions graves du foie, dégénérescence graisseuse et autres ; elle est passagère dans les fièvres diverses, dans les cas de résorption de foyers hémorragiques.

Uroérythrine.

Existe normalement dans l'urine. Mais, en grande quantité, elle est un signe d'anomalie. Les arthritiques sont toujours en surproduction. Elle augmenterait après le travail musculaire, les fortes transpirations, les excès de nourriture ou de boissons alcooliques, dans les embarras gastriques et dans les affections s'accompagnant d'une gêne de la circulation. C'est l'uroérythrine qui colore si souvent en couleur brique les sédiments urinaires au fond des vases.

Acides et pigments biliaires.

Ce sont deux constituants de la bile humaine qu'on peut retrouver dans l'urine. En trop grande quantité, ils indiquent qu'il y a stase de la bile dans les conduits excréteurs du foie. Les urines sont dites ictériques.

Indoxyle et scatol.

Ils existent normalement dans l'urine, mais en petite quantité. Le taux varie

selon la richesse de l'alimentation, le travail musculaire et intellectuel, la fatigue,
les fermentations intestinales, la constipa-
tion, la diarrhée. Dans ce cas, le taux
augmente. Mais c'est surtout comme indi-
cateurs des fermentations intestinales,
qu'ils sont précieux. Un taux élevé de
scatol, en particulier, indique un mauvais
fonctionnement du gros intestin.

Acétone.

Apparait dans l'urine diabétique et son
taux est d'autant plus élevé que l'état est
plus grave. Au moment qui précède l'éclo-
sion des accidents comateux, l'urine prend
une odeur d'acétone.

On a signalé aussi une acétonurie dys-
peptique observée chez les enfants et les
adolescents et qui s'accompagne d'un état
fébrile. Enfin, on a également signalé une
acétonurie légère dans les maladies aiguës,
fièvre typhoïde, variole, rougeole et dans
l'éclampsie puerpérale.

Urines hématiques.

Il y a deux sortes d'urines hématiques :
celles qui renferment du sang en nature et

qui sont les urines *hématuriques* et celles qui ne renferment que la matière colorante du sang ; ce sont les urines *hémoglobinuriques*. On rencontrera toujours dans le dépôt des premières des hématies et des leucocytes qui feront défaut dans les secondes.

1° Hématurie. D'origine rénale, le sang est en petite quantité. Il s'accompagne quelquefois de cylindres hémorragiques des tubuli allant souvent avec des cylindres hyalins ou épithéliaux.

D'origine vésicale, on observe la présence de caillots volumineux. L'urine est souvent alcaline et purulente.

D'origine prostatique. S'observe dans la tuberculose, l'hypertrophie de la prostate. Un calcul vésical peut la déterminer.

D'origine uréthrale. Peut-être causée par un traumatisme au cours du cathétérisme, par une uréthrite ou une blennorrhagie. S'il s'agit d'une bleunorhagie, on constate aussi l'existence de pus et la présence du gonocoque. Enfin, l'hématurie peut être d'origine parasitaire.

2° Hémoglobinurie. L'hémoglobinurie par intoxication a été observée à la suite d'empoisonnement par le phosphore, l'hydrogène arsénié, le phénol, la nitrobenzine, le pyrogallol, le chlorate de potassium.

Il y a hémoglubinerie dans les maladies s'accompagnant d'une destruction globulaire considérable, typhus exanthématique, ictère grave, fièvre typhoïde, scarlatine, variole, etc., paludisme.

Glucose.

Existe assez fréquemment, chez les adultes principalement, même à l'état de santé, mais consommant de grandes quantités de sucre ou de féculents et ne les brûlant pas par suite d'exercice insuffisant (glycosurie alimentaire).

S'observe assez souvent chez les arthritiques dont l'hyperacidité est une gêne pour les combustions intraorganiques. Dans ce cas, le glucose se rencontre généralement dans les urines de la matinée, celles de la nuit n'en contenant pas.

Se rencontre encore dans certains cas d'hémorragie cérébrale, paralysie générale, sclérose en plaques. On le trouve quelquefois dans la grossesse et dans certains cas asphyxiques ou chez des malades atteints de troubles respiratoires (asthme, emphysème, bronchite).

Il a été signalé dans un grand nombre de maladies infectieuses, particulièrement la scarlatine, la diphtérie, la fièvre typhoïde le choléra. le paludisme. Notons encore la glucosurie par intoxication.

Enfin, le glucose existe dans les divers diabètes :

1° Diabète gras ou arthritique : Le sucre varie de 20 à 300 grammes.

2° Diabète maigre ou pancréatique : Le sucre peut aller à 1000 grammes par 24 heures et même davantage.

3° Diabète par anhépatie. Glycosurie peu marquée.

4° Diabète par hyperhépatie : 150 à 200 grammes de glucose en 24 heures et même davantage.

Albumine.

On peut classer les albuminuries en deux catégories : les albuminuries rénales et les albuminuries fonctionnelles.

De l'une ou l'autre catégorie, on trouve
de l'albumine dans les différentes néphrites, la maladie de Bright, quand il y a
modification du sérum sanguin, tension
plus au moins forte du liquide sanguin
empêchant les conditions normales de
dialyse ou de filtration (grossesse, tu-
meurs, kystes, maladies du cœur et des
vaisseaux circulatoires). Dans ce cas, le
rein peut être indemne et on ne trouve pas
de cylindres.

L'albumine s'observe aussi quand il y
a altération du sang résultant d'un état
fébrile infectieux : affections aiguës, in-
fluenza, fièvre typhoïde, pneumonie.

L'albumine existe encore dans les cas
d'intoxication par le phosphore, l'arsenic,
le plomb, le mercure ; quand il y a mé-
lange du sang avec l'urine et, dans ce cas,
on trouve en même temps, de l'hémoglobine. Il faut signaler l'albuminurie inter-
mittente des sujets paraissant bien por-
tants (albuminurie de fatigue) qui se
rencontre surtout chez les arthritiques
héréditaires, les albuminuries intermit-
tentes cycliques des adolescents (fréquentes dans la goutte et le rhumatisme) :

les albuminuries d'ordre digestif ou hépatique (se rencontrent souvent dans la
dyspepsie et la dilatation d'estomac et vont
souvent avec la peptonurie).

Enfin, il y a lieu de signaler les albuminuries névropathiques qui s'observent
dans les crises d'épilepsie, le délirium
tremens, le tétanos, la méningite, l'hémorragie cérébrale, le goître exophtalmi-
que, chez les malades atteints d'affections
cardiaques ou de troubles respiratoires
accompagnés de stase veineuse.

Pour terminer, rappelons la présence
fréquente de l'albumine dans la grossesse
ce qui n'est grave que s'il y a plus de
1 gramme par litre.

Cylindrurie.

Résultant de l'irritation inflammatoire
de l'épithelium rénal, les cylindres se rencontrent dans toutes les affections s'accompagnant d'albuminerie. On distingue les
cylindres hyalins, les cylindres granuleux,
les cylindres cireux, les cylindres grâisseux,
les cylindres purulents et les cylindroïdes.

1.º *Les cylindres hyalins sont en petit nombre :* Il s'agit d'un simple trouble circulatoire des reins.

2º *Les cylindres hyalins sont nombreux* et existent en permanence : on est alors en présence d'une néphrite. .

3º *Les cylindres hyalins* sont nombreux et accompagnés de cylindres sanguins : néphrite aiguë ou exacerbation d'une néphrite chronique. Dans ce dernier cas, on trouve aussi des cylindres à grosses granulations, des cylindres cireux et graisseux.

4º *Cylindres purulents :* indiquent une suppuration des reins.

5º *Cylindroïdes :* Se rencontrent en même temps que les cylindres hyalins. Ils ont la même importance et la même signification clinique.

Urines purulentes.

Le pus peut venir des reins, de la vessie ou de l'urèthre.

Quand il y a suppuration dans les reins (pyélite, pyélo-néphrite), le pus s'accompagne d'une quantité élevée d'albumine.

Quand le pus est vésical, il n'y a jamais plus de 1 gr 50 d'albumine par litre.

Le pus uréthral est toujours très peu abondant et peut exister même dans une urine normale, par ailleurs.

Urines chyleuses.

Ce sont des urines tenant en suspension des globules gras émulsionnés.

La chylurie ne s'observe guère que dans les pays tropicaux au cours de la filariose.

Chabrié a émis l'opinion que, lorsqu'elle n'est pas d'origine parasitaire, elle pourrait provenir d'une intoxication biliaire consécutive d'une occlusion intestinale ou du canal cholédoque.

La lipurie consiste en la présence de gouttelettes de graisse non émulsionnée due à une ingestion exagérée de corps gras et se réunissant à la surface.

Cellules épithéliales.

Elles peuvent provenir de toute l'étendue de l'appareil urinaire. Elles exitent normalement dans toutes les urines, mais en petit nombre ; ce n'est donc que lorsqu'elles s'y rencontrent en grand nombre qu'elles sont l'indice d'un trouble circulatoire ou inflammatoire des voies urinaires et qu'elles ont une signification clinique.

1° Cellules épithéliales pavimenteuses : Sont les plus fréquentes. Elles peuvent provenir de la vessie, de l'urèthre et du vagin. Existant en grand nombre, elles indiquent généralement une cystite. En petit nombre et souvent accompagnées de filaments uréthraux, elles viennent de l'urèthre. D'origine vaginale, elles sont beaucoup plus volumineuses et sont l'indice d'une vaginite ou d'une vulvite.

2° Cellules épithéliales cylindriques et caudées. Proviennent le plus souvent de la couche superficielle du bassinet. Elles se rencontrent généralement dans les cas de pyélite. Des cellules semblables peuvent se trouver dans le col de la vessie, mais elles sont plus longues.

3° Cellules épithéliales rondes et ovales. Sont généralement attribuées aux tubes urinifères du rein.

Venant réellement du rein, elles sont accompagnés d'albuminerie et adhérent souvent à des cylindres. Contenant des gouttelettes de graisse, elles indiquent une dégénérescence graisseuse des reins.

Des cellules semblables existent dans l'épaisseur de la muqueuse du bassinet. Dans ce cas, elles indiquent une simple pyélite. On les reconnaîtra à leur grand nombre, à ce qu'elles sont accompagnées de pus et qu'il n'y a ni albumine, ni cylindres.

Enfin, on rencontre quelquefois ces cellules dans l'urèthre où leur présence dans les filaments uréthraux, mêlées à des leucocytes, indique un processus inflammatoire chronique de cette région.

Sédiments minéraux.

Je ne crois pas utile de faire figurer ici leur examen microscopique. Cet examen, en effet, ne peut guère donner d'indications cliniques nouvelles, il n'est qu'un supplément d'information.

Tableau des éléments excrétés par jour ; 1° par kilogramme de poids corporel actif ; 2° par un adulte sain de coefficient biologique, moyen, soit 65.

	Par Kg. de poids corporel	Pour le coefficient biologique 65
Volume	20 cc	1300 cc
Acidité exprimée en $SO^4 H^2$	0 gr. 0257	1 gr. 67
Extrait total	0 gr. 80	52 gr.
Éléments organiques	0 gr. 50	32 gr. 50
Éléments minéraux	0 gr. 30	19 gr. 50
Azote total calculé en urée	0 gr. 443	28 gr. 79
Urée	0 gr. 40	26 gr.
Acide urique et corps xanthiques	0 gr. 01	0 gr. 65
Chlorures exprimés en Na Cl.	0 gr. 157	10 gr. 20
Phosphates exprimés en $P^2 O^5$	0 gr. 04	2 gr. 60
Soufre acide	0 gr. 034	2 gr. 21
Soufre total	0 gr. 043	2 gr. 79
Soufre neutre — exprimés en $SO^4 H^2$	0 gr. 00857	0 gr. 554
Soufre des sulfates	0 gr. 03	1 gr. 95
Soufre des sulfoconjugués	0 gr. 004	0 gr. 26

TABLE DES MATIÈRES

www.ingramcontent.com/pod-product-compliance
Lightning Source LLC
Chambersburg PA
CBHW070824210326
41520CB00011B/2103